U0005434

黑白雙貓跳恰恰

圖・文──餅小餅

貓格分裂？！演不完的噴飯內心戲！

噴～
等好久了～

終……終於要
上場了嗎？！

好讀出版

Contents

黑白佳佳貓
跳恰恰

第一章

初來乍到！

回想巧遇的那天，真搞不懂，怎麼突然決定養貓了？
更沒想到的是，養貓之後帶來的不只是生活的改變，
就連思想與認知，都接連著有了顛覆性的轉變……

遇到你！
天註定？

2004 年夏天，離開家鄉獨自在台北生活的第五年，養貓的念頭漸漸在心中擴散，但畢竟從小到大都沒有養過貓，甚至沒有真正和貓相處過，對自己並不是非常有信心，所以一直沒有積極行動。

直到某一天，經過住處附近的一家寵物店……歐買尬，是一家寵物店，片頭曲才剛唱完就要說出這個可怕的祕密了。認識我的人都知道，我是一個反對買賣活體寵物，甚至有賣活體的寵物店都不會踏進一步的偏執狂；但是十年前的我，當年那個呆頭愣腦的小嫩嫩，對寵物市場一無所知，完全不曉得繁殖業的黑暗，甚至不曉

得什麼是「認養」，養貓後因為一些機緣才得以了解事實。回想起往事，至今心裡仍感到有些矛盾。

永遠記得第一眼看到麵麵的感覺——「天啊！這貓怎麼這麼可愛！」於是我走進了那家店，花痴的站在籠子前，看著在籠裡吃個不停的黑白貓，心裡想著，不曉得他多久沒有離開籠子了？身上的毛都打結了呢。而我的心早已被他的四隻小白襪所俘虜了。

老闆見狀，問我是不是喜歡那隻貓，我只差口水沒滴到腳了，還用問嗎？接著他說，這隻貓是意外生出來的，血統並不「純」，加上「白腳蹄」被認為不吉利的關係，所以長大了仍滯銷，問我要不要付個飼料錢把貓帶走，還一邊向我展示貓咪的四隻小白襪。現在要是誰說「白腳貓不吉利」，應該會被眾人怒戳太陽穴，但是相較於資訊如此發達的現在，十年前差不多可說是古代了啊！

如同前面說的，十年前我是個對寵物市場一無所知的阿呆，老闆說什麼「不

麵麵剛來不久時的樣子，跟現在差不了多少。

還很年輕時的麵麵，就像小貓一樣有好奇心，洗衣籃裡有著未知的世界。現在呢，洗衣籃放前面他都懶得走進去了……

也是麵麵年輕的時候，側面實在太帥勁啦！

純」，對我來說是沒有意義的，因為我不曉得什麼才是所謂的「純」，我只知道這隻黑白貓可愛得要命我好喜歡他，於是做了個艱難的決定──**接下來的十幾年，不管發生什麼事，我都要為這條小生命負責了！**

當時已有經濟能力，雖不寬裕，但也還過得去。在這個前提之下，我在自認為沒有完全準備充分的情況下，付了微薄的贖身費，把他帶回家了。他是我生命中的第一隻貓，因為我喜歡吃麵，所以他就叫麵麵。

嗯，好隨便。

傳說中的貓頭鍘　　　　　　從以前就常做出這種驚訝的表情

褪色的青春，褪色的麵

回想少年時　　　　　　步入中年後…

所謂的靠臉吃飯……

養貓之後
才開始學當貓奴

這應該是胖子麵此生最帥的照片

大約兩歲時的麵麵，整個大嬸味已經
出來了……

　　一句由廣告教父孫大偉創作的廣告詞「我是當了爸爸後，才學會當爸爸的」，養貓也是一樣的，我是養貓之後，才開始學著當貓奴的。

　　回想起許多剛開始養貓的行徑，有些真是蠢到想怒呼自己巴掌。還記得帶麵麵回家才幾天的時候，腦子裡裝的完全是養狗的思維，畢竟當時生活中很容易遇到養狗的人，卻沒什麼人養貓，於是我竟然很自然的用胸背帶牽著麵麵，想帶他出去散步。他可是一匹幾乎沒有離開過籠子的貓啊！突然要帶出去「遛貓」是多麼駭貓聽聞的事！可想而知，那次胖子麵嚇到四腿發軟、賴在地上不肯走，只好摸摸鼻子抱他回家了。

　　當然人是會改變的，生命中多了一匹貓之後，更積極學習和貓有關的知識，但改變最大的契機，是 2005 年進入寵物雜誌工作。因工作關係，有幸和許多資深的貓中途與志工接觸。**寵物繁殖的殘酷真相、流浪動物的惡劣處境，對當時的我來說宛如一連串的震撼教育！**經由前輩們分享的許多親身經歷，才讓我知道自己對周遭發生的事有多無感，也更加深刻體會到：**無論資訊多發達，永遠都會有還不知道的人！**所以，現在我仍認為：同樣一件事，只要是好事，就算不斷重複提起也無妨！

　　養了貓之後，似乎也打開了和貓的緣分，不但工作中有貓，搬家後與人合租的公寓裡也少不了貓，好在麵麵本來就沒什麼神經，對於接納陌生貓並不是難事。踏出第一步之後，要接著走下去就沒那麼難了，心裡一直覺得，總有一天，我會領養屬於自己的第二隻貓。

白貓！
你的臉上
寫著我的名兒！

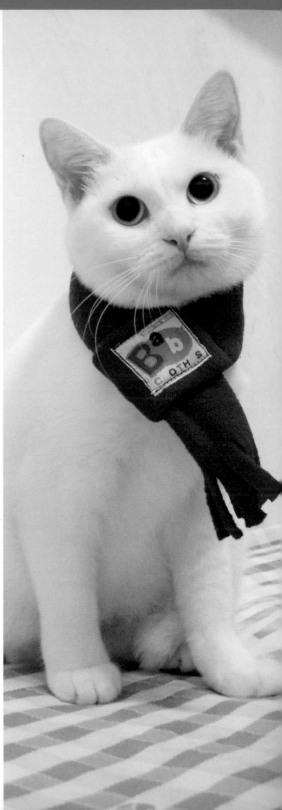

2005年年底，瀏覽著每天都要逛的貓咪論壇，看到一篇小貓送養文。送養人貼了幾張模糊的照片，看起來似乎是三坨小白貓，當下突然覺得「wow～這小白喵的臉上寫著我的名字！」於是立刻寫了一篇充滿力與美……不是，充滿誠意又資訊詳細的自介文，寄給送養人。

然後就沒消息了。（已哭）

過了將近一個月的某一天，突然收到送養人的回覆，直接問我何時去接小貓，可見在下的誠意讓老天都為之動容啊！

2006 年農曆新年連假結束前，安排了一天從高雄回台北的時間，到台中接小貓。當時高鐵還沒有通車，我是坐客運去的，快收假時路況不會太好，更顯得路程遙遠。沿路期待不已，想著模糊照片裡的小白貓應該長大了吧？會是什麼樣子？他會不會喜歡我呢？

當我第一眼看到期待已久的小白貓時，心裡的第一個驚嘆聲是──哇喔喔喔好醜啊啊啊啊啊！██████崩ㄟ(╥皿╥)ノ潰██████！！！不過，接下來幾分鐘，看啊看，越發覺得那張髒髒的小臉、衰衰的八字眼，真是莫名的討人喜歡！（應該不是幻覺吧）

和送養人聊了一會兒之後，就打包小貓打道回府了。由於行李很多、麵麵脾氣很好，而且小貓從出生就沒踏出過家門，便大膽的把小貓放進麵麵的外出籠裡，方便攜帶。怎知我只顧著麵麵脾氣很好，卻萬萬沒想到小貓脾氣很壞啊！於是回台北的路上不時伴隨著小貓在外出籠裡對著龐然大物胖子麵噢嗚噢嗚的怒吼聲，可憐的麵，沿路在籠裡斜睨那個不知死活的小東西，卻也相安無事。

小貓到新家第一件事，就是拱著背、尾巴爆毛，把家裡的眾大貓們都怒吼一遍，接著把人類的手抓出一道深深的血痕，真是好有誠意的見面禮啊！（兩行清淚）

塔克初到，已經洗乾淨之後的樣子，那時候他才兩個多月大，很喜歡坐在筆電旁邊。現在看起來覺得好像另一隻貓……

剛來時巴掌大的小塔克，實在越看越可愛！

塔克小小的背影，對窗外的世界充滿了好奇心。

和年紀差不多的貓一比，真是個名副其實的大頭白……

歡迎加入，
取個名字吧！

小白貓正式成為一家人，當然要取個響亮又好記的名字！當第一次幫他洗好澡，那一身帥勁潔白的皮毛，在我眼中閃閃發亮又充滿詩意，於是決定將他取名為「Sake」，就是日文「清酒」的意思，多麼風雅又美麗的名字啊！光想就忍不住要吟個俳句了！

當時在寵物雜誌擔任奴隸一職，有

時候會需要帶貓進公司。怎知同事們看到他之後，紛紛表示：「哇～頭好大喔！大頭白！」「頭好大、好像章魚！」於是，我那風雅的 Sake 就變成 Tako 了（日文「章魚」的意思），叫久了就變成更加莫名的「塔克」。

麵麵的命名已經有夠隨便的了，這下子章魚更是有過之而無不及，希望他們兩位不要恨我……

＼耳疥蟲

氣管炎↗

然後呢？
塔克決定和鼻涕形影不離

　　現在想起來還是覺得奇怪，塔克喝母奶喝到兩個月大，怎麼都沒長肉呢？雖然看起來毛膨膨，但摸起來都是排骨。原本我以為塔克只是比較瘦而已，沒想到在他那顆強健的大頭底下，其實是個病西施……

　　領養塔克正值冬天最冷的時候，而且當時住在頂樓邊間，夏天特別熱、冬天特別冷。塔克初到十幾天之後，也許是不適應台北溼冷的天氣，開始出現紅眼睛、流鼻涕、打噴嚏的情形，於是展開了每個週末跑醫院做蒸氣藥浴、檢查、拿藥的生活，

魔鏡啊魔鏡,請問誰是世界上看起來最可愛的小孩?

我只知道看起來最命苦的小孩就是鏡子裡這位。

一直到他五、六個月大,比較胖了,加上天氣變暖,生病的情形才漸漸好轉。

所以塔克小時候的照片,常常是紅著一雙眼睛、鼻孔掛著黃色鼻涕;後來更慘的是他感染了耳疥蟲,每天都要滴耳藥,所以兩頰的毛永遠都油膩膩的。為了幫他保暖,只好把舊衣服的長袖剪下來、挖兩個洞給他當衣服穿,**這一身破舊的打扮、那一張憔悴的病容、那一顆黏膩的腦袋,讓他看起來,命好苦。**

有時候也會用舊襪子剪成小衣服給塔克「轉換造型」!

塔克到新家一週之後，第一次卸下心防，主動靠在我的腿上。當時心都要融化了～～～

貓生中第二次洗澡，眼神依然充滿了恨意……

塔克小時候有很多穿著破衣服、躺在電暖器旁邊取暖的照片。

麵麵來的時候已是成貓，不怎麼難照顧，直到領養塔克之後才體會到原來養貓也可以很辛苦。小貓有著永遠用不完的精力，爬高、咬人、搞破壞是常有的事。對照現在，兩貓幾乎整天都在睡，我也清閒多了……

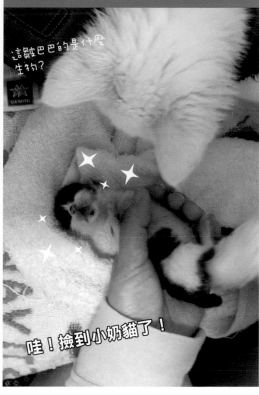

這皺巴巴的是什麼生物？

哇！撿到小奶貓了！

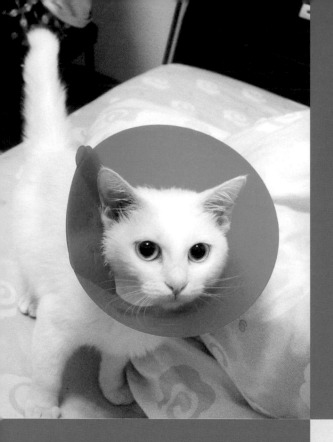

塔克快六個月大的時候就結紮了，小朋友體力好、恢復快，隔天就精神奕奕。

氣管炎和耳疥蟲都好不容易痊癒的時候，七個月大時卻又不幸感染了黴菌，只好忍痛把毛剃光，塗上紫藥水的光禿白貓看起來超心酸……

紫色乳牛要吃草～～

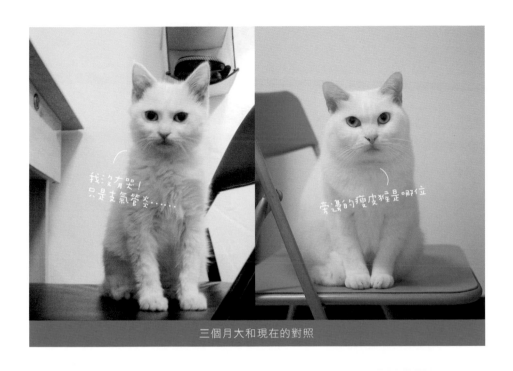

三個月大和現在的對照

雖然長相變了很多，但從表情就可以認證是同一匹貓沒錯……

六個月大（2006）　　　　　中年婦女

快一歲囉！吾家有女初長成啊！

塔克一歲的時候，和現在的樣子已經一
樣了。擔心他又生病，天氣很冷的時候
要幫他穿兩件衣服！

第二章

個性兩極
的組合

就像黑與白位於色譜的兩端，
這兩隻黑貓與白貓的個性也是完全兩極，
而且和他們的外表一點也搭不起來……

威武麵：
討厭，人家是弱女子

「原來麵麵是女生！」這句話聽過不下百次了吧，貓是不太容易從外表分辨性別的生物，但胖子麵卻很容易讓人毫不猶豫的認為他是公貓。不只人會有這種錯覺，連貓也是啊！所以他常常變成其他公貓挑釁的對象，可憐的胖子麵，就算只是蹲在角落擦地也會被追殺，長得像大黑熊不是他的錯啊！

胖子麵雖然像個摔角選手，事實上卻是「奶油桂花綿綿手」，出拳柔弱就算了，連伸爪子都有障礙。**幸好，上天關了一道門，必會打開另一扇窗；胖子麵此生投胎變成大肉腳，而塔克就是那扇散發佛光的窗。**塔克是他這輩子唯一可以出手打的貓（用他軟綿而無力的貓掌），還好戰神塔克心胸遼闊不跟他計較，不然麵麵早就見閻王五千次了。

麵麵非常膽小，膽小到什麼程度呢？貨運先生或者送瓦斯的先生，對他來說都和開膛手傑克同等級。但是不必等人出現，只要聽到電鈴聲，他就會像被重裝直升機追殺一樣，發狂似的找地方躲藏，所以初次來訪的客人絕對不可能看到麵麵在家裡自然的走動。友人曾來作客，才把麵麵抱起來，他就嚇到挫尿在朋友的先生身上！到現在朋友還會拿這件往事糗我。在此呼籲一下：維樂凱純木生活的徐氏夫妻！搜惢啊啊啊啊！

威武模式

卒仔模式

聽到電鈴聲，麵麵一定會立刻躲起來，不是在棉被裡，就是在窗台後面探頭探腦，一臉驚恐的樣子。

每隻貓都是窗台邊的哲學家。
這一位例外，他只是吃撐了發呆。

每隻貓都是餐桌旁的沉思者。
尤其是這一位，他每天要沉六個小時。

說好的飯呢？

STEP **1** 乖巧有禮

STEP **2** 任奴予取予求

STEP **3** 崩潰

胖子麵的耐性只有8秒

舌頭可以收起來嗎……

大腹便便狀

大搞呆裝可愛

舌粲蓮花

食物在 12 點鐘方向！

催促開飯看
黑黑雙貓跳恰恰

麵麵有時會鬼鬼祟祟的在門外張望，這副神祕兮兮的模樣，吾稱之為「猶抱琵琶半遮麵」。

夏天太熱，
貓也會融化啦！

誠懇麵

有目的的時候只要使出這種眼神，任誰也招架不住呀！

威武麵

可惜一切都是假象！

驚訝麵

常露出看到飛碟的表情！

李塔克：老娘這輩子不知道「怕」字怎麼寫！

其實他什麼字都不會寫。（廢話）

和威武麵相反，塔克一身白毛、大大的水藍色眼睛，看起來好像天使一般純真、可愛，但他其實是個視生死如浮雲的戰神，從他兩個月大的時候就已經看得出來，對手體型大他四、五倍都沒在怕的。幾年之後，更加印證了這個觀察。

之後搬到另一個合租公寓，新室友的貓「卡茲」是一匹骨架粗壯的大公貓，體型比塔克大上一個頭。卡茲脾氣很好、喜歡對人類撒嬌，奇怪的是和塔克一直處不來，一見面就要打，只好隔離居住，兩邊輪流到客廳放風。有次不小心讓卡茲貓跑出來，他拔腿就殺了過來，這時麵麵第一個反應是笨拙的甩著一身肥肉逃命，但塔克卻是毫不畏懼的正面反擊，和卡茲打個你死我活！

當人類衝上去拉開貓的時候，塔克已經全身都是紅通通的爪痕了，我光看到就心疼得快流淚，倒是塔克一臉「別拉我！我還要打！」的樣子，真是女中豪傑來著……

後來有一次也是兩貓意外碰面，塔克彷彿抓住機會要報仇，等到室友把貓分開的時候，卡茲的耳朵流著血，已經被塔克咬穿了一個洞！為奴的心情真是複雜，一方面心疼卡茲，另一方面卻因為塔克打贏而竊喜。我好過分……（掩面）

另一個和麵麵完全相反的地方是，塔克不但不怕死，而且還不怕生，簡直到了人人好的境界。只要有客人來，他就會像花蝴蝶般優遊在客人的雙腿和讚美聲之間，或者坐在客人身上、臉頰挨著客人的腿，一副被他們養大似的模樣，如果不聽到幾聲「啊～塔克好可愛！」「塔克來摸摸！」他當晚大概會失眠。

吾乃 戰神！

Love & Peace，我是卡茲，我好乖。

陌生人來訪時的反應

來喔裡面生～
畫女畫女
簽名的排左邊
合照的排右邊

招呼
招呼

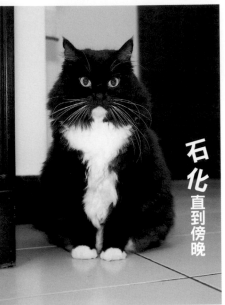

石化
直到傍晚

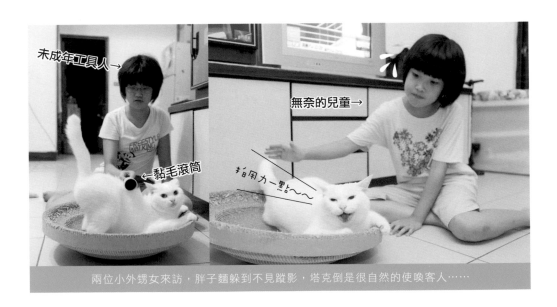

未成年工具人→

←黏毛滾筒

無奈的兒童→

拍用力一點～～

兩位小外甥女來訪，胖子麵躲到不見蹤影，塔克倒是很自然的使喚客人……

頭大不是病
大起來很好命
～塔克心之俳句～

天生可愛又好命的塔克

塔克嘴邊肉

嘴邊肉

看到牆上的蚊子，專注力全開！

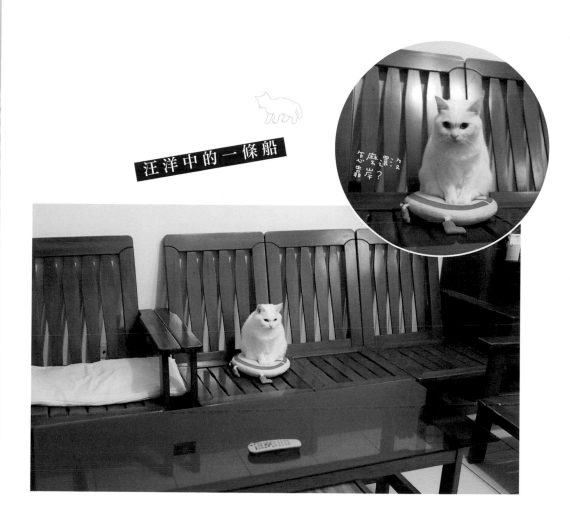

汪洋中的一條船

怎麼還沒又心靠岸？

接下來就讓你們看看什麼叫全方位的演技！

白貓話真多

和呆滯麵比起來，塔克是個表情、動作很多的小孩，如果沒有他，劇本裡就少了畫龍點睛的角色啦！

發聲練習

當眾挖鼻孔算什麼，當眾用腳挖鼻孔才厲害！

據說人在熟睡時，才會顯出真面目，貓也是……

眼睛下多了顆美人痣？其實是他自己去沾到腳踏車鍊條……

挑戰多種內心戲

據說冥想能幫助
放鬆臉部肌肉

可見冥想對他來説毫無用處⋯⋯

是宿醉嗎
這位太太？

塔克放空的時候，也許是放鬆的關係，常呈現屎臉狀態，也因此網友幫他取了「屎塔克」這個威震四方的江湖稱號。

愛睏才會贏

身為影后，
愛睏的氣勢也不能輸人！

當然，耍可愛的時候也要火力全開！

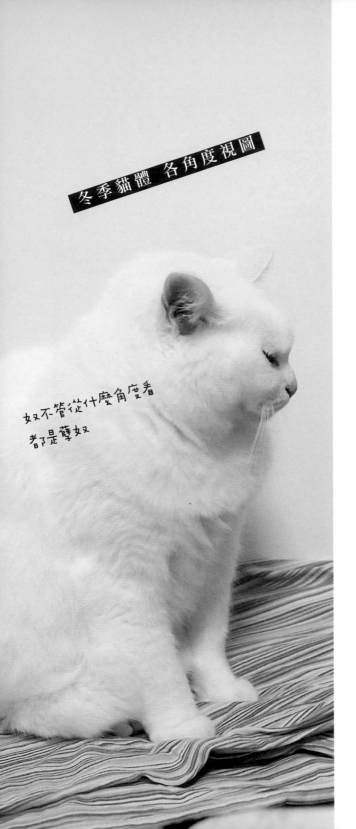

冬季貓體 各角度視圖

奴不管從什麼角度看者都是蠢奴

正視

俯視

後視

洗衣袋能增添
神祕的美感

樂在探索

塔克膽子大、對新事物有好奇心,看到陌生的東西會很想碰碰看。像是準備洗衣服的時候,見他對洗衣袋很好奇,順手把他裝進去,他倒也安穩待在裡頭。紙袋更讓他興奮不已,不像膽小麵永遠只敢躲在旁邊觀望。

第一次見到搖搖盆這陌生的東西，塔克沒五分鐘就會玩了，而胖子麵直到一個多月後才成功踏上搖搖盆。

塔克身手敏捷，和他玩遊戲會很有成就感！

是說……
你們在丟手絹兒嗎？

　　從2006年2月的那天，在客運上的狹小外出籠裡，和小塔克的第一次（不愉快）見面之後，也許胖子麵就覺得他和這隻小白不怎麼投緣，只是，他們被迫同住在一個屋簷下。這一住就住了八年，而且無限期延長中。

　　雖然塔克初到那天，把家裡的大貓們都嘶叫了一輪，但沒多久就習慣了新環境，

搖搖盆之戰

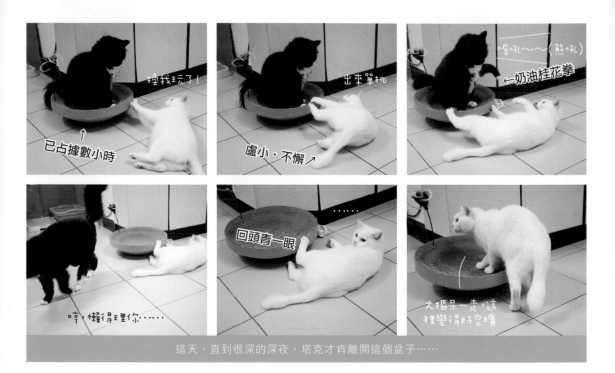

換我玩了！
↑
已占據數小時

出來單挑
盧小・不懈 ↗

嘔吼～～（熊吼）
←奶油桂花拳

哼，懶得理你……

回頭青一眼
……

大摳呆一走，這裡變得好空曠

這天，直到很深的深夜，塔克才肯離開這個盆子……

而他和胖子麵往後的相處模式，幾乎也就沒多大差別了。兩貓幾乎都一起睡、一起吃、一起玩，偶爾來一場象徵性質的鬥毆，除了掉幾根毛讓貓奴打掃之外，從沒造成實質的傷亡，所以我都戲稱他們是在互丟手絹兒。

殊不知，從未造成傷亡的原因，都是塔克的禮讓啊！

由前面的事蹟可以證實，塔克的戰鬥力破萬，可以瞬間擊斃一百個胖子麵。但是這麼多年來，幾乎都是麵麵在耍威風、塔克躺在地上做出屈服姿態，就算打起來也是點到為止，所以這不是塔克讓他是什麼。所以我說，胖子麵啊你就別太囂張了哈！

兩貓精力充沛的展開數回合大戰，最後在麵麵的氣喘吁吁中結束。

返家在即，貓奴心中的畫面……　　　　　　到家後的實際情況……

謎之音：你們不要為了我打架啊啊啊)))

也許是相處久了，兩位常出現很像的姿態，尤其是在他們熱愛的小紅櫃上，不管多擠都要一起擠～

而且有發現嗎？永遠是一左一右，彷彿偶像團體成員都有固定位置一樣……

休戰時刻

不丟手絹兒的時候，兩位的感情還不錯呢！

第三章

劇場上映！

MARILYN MIANROE

性感嗎？

永遠驚訝

咱們認識快十年了啊……

瑪麗蓮·麵露

經歷：滯銷半年餘（吧）、在貓奴家當霸王近十年

專長：貪生怕死、皮很鬆

風格：性感美豔（？）

黑貓胖子麵，擅長以誇張的演技，表現小人物生活的現實與無奈，尤其是那適用任何情境的驚訝神情，被喻為「表情一成不變的魔術師」。

IRON CAT

桶你・屎塔克

永遠屎臉

我真的沒有欠他錢……

經歷：媽寶兩個月、當胖子麵的沙包八年餘

專長：高超格鬥技、一秒變鍾馗

風格：尖酸毒舌

白貓李塔克，擅長以冷靜的旁觀者態度融入任何環境，尤其是那張瞬間轉現的屎臉，被喻為「以屎面隱世的修行者」。

黑白雙貓小劇場

兩份晚餐

嗯？
你說什麼？我聽不見。
我剛吃了兩份晚餐，現在飽得走不動。
今天已經吃過晚餐了嗎？

貓的平反

聽說最近有些人喜歡幫我們亂加對白
還不就那不成材的貓奴在自嗨
那些人還真以為我又笨又愛吃
而且最好我講話真有那麼機啦！
說著說著好像有點餓
大摳呆光吃不長腦

末日心願

扶不起的阿麵

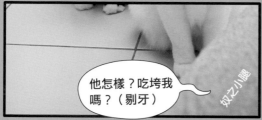

腰細奧步

還不是因為你太胖

奴之玉手→

為什麼我坐了這麼久，奴還是不給我吃？

←隨時維持誠懇的表情

喵～你看我好瘦，腰好細～

原來是菊花

喵喵～
日貓伸懶腰第一式～

哦哦！
空中有朵花兒～

嗅～

嗅～

按！
原來是菊花！！

衝蝦！！
採花賊！！

黑貓的淫威

昨兒個一天之內
多了 2500 個讚

你覺得大家
比較喜歡誰？

擔然是我

回眸一笑百媚生

（白貓打光容易過曝……）

是誰？再說一次！

黑影籠罩

你你你……是你……
大家都愛你！

zZZzz˙……

God bless 麵

動用私刑

拍照了啊！
躲在後面幹什麼！

因為畫面被某位
大摳呆占滿了……

（奴之呼喚）

兩位看這邊，
拍照囉

來人啊～
把我的私刑專用
手指虎拿來……

日行一善

練習低調

我在練習低調～
要不要一起練？

？？ 為什麼要練這個？

警戒

總覺得被某種
目光盯著看……

哪尬？

憨麵

FB動態：萬人同時線上觀賞ing

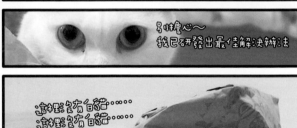

別擔心～
我已經開發出最佳解決辦法

這根本沒有白貓……
這根本沒有白貓……

小白貓的願望

很久很久以前，有一隻善良的小白貓，真心誠意地向搖搖盆許願……

專注……

究竟，萬能的搖搖盆會變出什麼東西？能不能完成他的願望呢？

會不會……變出一隻智商奇低無比的肥黑貓？

我不想要那種東西

誰是肥黑貓？……

就是你啊……

誠心的小白貓不放棄，持續的對搖搖盆許願。
終於……

原來……搖搖盆其實是一個神祕的聚寶盆，
只有善良的貓，才能實現願望。

但是，單純的小白貓並不貪心，
當盆子裡的錢越來越多，越來越
多的時候……

小女子真是
好善苗有好報～～

小白貓他……

嚼！

本奴的血汗錢啊啊啊啊啊啊！！！

從此以後聚寶盆連根毛
都變不出來了。

～故事完～

碗空空

嗚伊伊田～～

這是吃飯時間的情景

據說只要有心
就會長出食物

我開始相信你了

碗兒
空空如也

這是非吃飯時間的情景

真心人～
你在哪?

這是有貓瘋了的情景……

最毒黑熊心

……

跟你參詳一件事……
別再偷吃我的飯好嗎?

打勾勾喔～
偷吃的是小豬!

嗯‧嗯!
快去吃飯吧!

吃晚餐囉!!

打
勾
勾

十分鐘後……

熊我都當了,
還怕當小豬嗎?

舔～

最‧‧‧‧‧‧
最毒黑熊心!!

為塔克的晚餐默哀……

72　劇場上映!🐾

破萬濕背秀

搭啦～收藏已破萬了欸～
有沒有特別節目
來感謝大家

勿忙

迫不及待

等等！
我立刻去準備

♡黑喵濕背秀♡

迷濛眼神

朱唇微啟

小露酥胸

忽略肥肚

....

收工前後

來喔！預備！
開始拍攝！！

麵～
陽光好美

搭～
就剝你港藍的眼

卡！收工！
今天就到這！

菜渣卡牙縫
忍很久→

黑熊怕熱→

黑白雙貓極短篇

什麼是霸氣

霸氣…

就是能

→ 把手「饋」在自己的肚子上…

無法控制臉

可以不要這樣看著我嗎？醬我壓力很大…

但我無法控制自己的臉……

一秒變活體

一般情況下的半死狀態

看到食物…

貓體沒有極限

0.5 頭身

1 頭身

1.5 頭身

2 頭身

開外掛
跳級**九頭身!!**

每隻貓 都患有瞬間性的清醒不能症

午後 7 時

午後 7 時 01 分

>>

>>>

午後7時01分14秒

【症狀】無法控制的、多次的、隨時隨地的、或站或坐或趴的打盹,一日睡眠十六小時仍看似不清醒,
　　　　五歲以上喵星人為好發族群。

【喵草綱目記載】此病無救

雙貓瞳鈴眼

每當待在客廳，我都會覺得背後涼涼的，好像被某種神祕的目光盯著……

咪口王　I'm watching you....

所謂的淡定

淡定

我看見你的奶奶了……

吾眼角餘光已看清一切，你可以不必說出來沒關係……

孤兒怨

ORPHAN

他們肚子還有點餓

孤兒怨

3月1日早場起　你能幫我餵嗎？

雙貓中醫診所

蝦郎供～長高僅限發育期？

李塔克
現年八歲餘
身材五短
對貓生感到絕望

服用雙喵轉骨祕方，三分鐘後……

顯著再發育，找到貓生第二春

瞬間長高
135%！

貓生可以重來！請打雙喵中醫診所 0800-081-181
控八控控 喵發育 要發育！

雙喵整形診所

before

after

美魔貓凍齡專線：0800-024-924
控八控控 喵愛水 就愛水

雙貓大變身

黑兔

白兔

毛拖鞋

白海獅

變身北極熊

有人說你胖了，變得比我還大隻。

哼，如果換你穿白色，大家看到你就會餵你吃海豹。

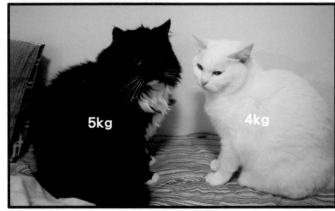

5kg　　4kg

千萬不要擋鏡頭

有口難言

啊哈哈哈哈哈～～大黑熊，拉鍊快拉起來啊！！

頭皮很緊

頭皮拉扯臉皮之回春大法

老娘的頭皮比某位達老人的臉皮還緊～～

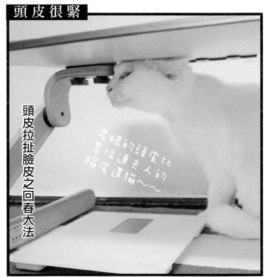

極度驚嚇

顯瘦穿搭

　　這一黑一白兩位大牌，長得肥壯的是個豆腐花，長得小隻的卻是個女打仔，個性截然不同，習性也是完全相反。

　　比如說，胖子麵看起來大剌剌，卻是十足小家子氣，如果他在貓奴身上呼嚕，而塔克前來撒嬌，只要貓奴伸手摸了塔克，麵麵就會故作瀟灑的離開。看他離去的背影，彷彿能聽到他咬著下唇噙淚說：「我……我才不在乎！」如果和麵麵玩逗貓棒，不管玩得多嗨，只要塔克加入，胖子麵就會收手，慢慢退到旁邊假裝不想玩，但他放大的瞳孔卻已說出真正的內心話！

終於登上
第一高峰了啊啊啊

海拔12公分

不是鱈魚絲

鱈魚小茶點
等我啊～

胖子麵以為
這個是鱈魚絲→

這是一幅複雜糾葛的關係解說圖

那一坨它是什麼鬼……

甩動

搖晃

李塔克
一眼就看到重點

貓的理解及解決方式

貓的理解是這樣的

為什麼會搖?
下面一定有東西?!

找不到原因時,貓的解決方式是這樣的……

妖孽!納命來!!

黑白雙貓
跳恰恰

就差一點

逗貓棒之夜

李塔克一上場就非常威猛

威猛到貓奴來不及拍!!

飛躍地球表面！！

胖子麵一上場就 **跌倒**……

黏牢地球表面↗

唰唰！！

啾啾！！

喵吼～～

一般貓的情形

平平都是玩逗貓棒

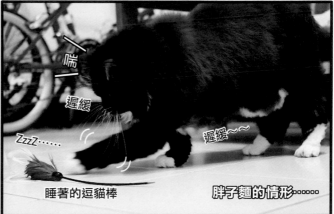

嗤

遲緩

遲緩～～

ZzzZ……

睡著的逗貓棒

胖子麵的情形……

黑白雙貓
跳恰恰

85

喵星人的通病

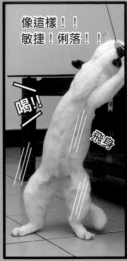

搖盆新招

冤冤相報何時了

口阿口阿口阿口阿眼花口拉～～

大摳呆連逗貓棒都抓不到！哇哈哈～

五分鐘後……

細加貝～

口阿口阿口阿我看見了貓生的跑馬燈～～

咿～～冤冤相報何時了～

胖子麵的心事

這天晚上，遊戲的時候，
麵一直在旁邊看著塔克……

他的眼神，彷彿透露些許哀傷

和此時歡樂的氣氛形成強烈對比……

原來貓真然是一種
如此比純真的生物……

震驚

你現在才發現嗎……

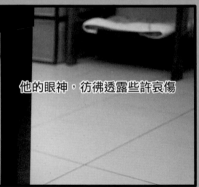

胖子麵舞蹈教室

發羅找黑貓果舞棍!
來,先拍手～

拍!
拍!

嗯嗯是,老師

抬高下巴,
露出性感的鎖骨～

伸～長～

嗯嗯是,
鎖骨在哪?

註:貓的鎖骨已退化,
胖子麵連腦也順便了。

然後向左轉45度,
跟著拍子來～

轉～
轉～
轉～

嗯嗯,
肚皮好鬆…

再向後轉,
給我一個tempo～

腳是有多短……
七三身?

7

3

每隻貓都患有注意力
集中不能症……

向麥可致敬

在貓奴的訓練之下

咦？這是！！！

麥可傑克森的 45 度前傾舞步！

雙貓體育台

冷血主播
李塔克

雙貓體育台
LIVE

不好意思字幕上錯。
跑不動的麵選手
目前位在的是起點～
按照慣例待會就會棄權。

在牙買加閃電波特
奧運奪金親吻大地後……

向閃電波特致敬！ 台灣隊選手胖子麵
親吻大地慶祝勝利

今夜最新
6月7日週五
14:20:32

麵玩耍遲鈍動作分解

胖子麵玩逗貓棒的時候，
至少有九成的時間是躺著的……

屎塔克內心戲

本台當家花旦李塔克,以極其欠揍的屎臉名聞江湖,在此特別為他開闢一個獨立頻道,以表揚其精湛非凡的演技!

貓咪可愛四式

由塔克我來示範!

可愛!

下班後

口愛!

我好可愛!

賭機率

有人說,貓狗不結紮導致病變與否只是機率問題。有的不結紮也好好的。

閉眼睛過馬路被車撞與否也只是機率問題。要賭機率逤?

你講話好好機

第一天認識我喔?

屎臉

五樓你信嗎

今日體重測量結果：5.3kg

可以麻煩你換
個表情嗎ооооо

五樓你相信嗎？

白貓咒怨

按照慣例，
感到背後涼涼的時候，
只要回頭，
就一定能看到ооооо

咒
怨

I'm watching you...

堅持的原因

......

不能笑，不然會有皺紋

有夢最美

貓奴眼中的情景

可愛

甜美

亮晶晶

實際上的情景

這位阿桑，你是拍完了沒？

喵星人與您一同關心社會、針砭時事。

春節連假結束後的開工日

難怪數奴一早就精神萎靡的出門了

聽說今天是開工日

因為可以吃飽睡、睡飽吃～

過年有何特別之處？為何奴這麼喜歡放假？

不就是我們每天的固定行程嗎？

欸？！

蘇力颱風來襲，當天下午兩點後停班停課！樂了貓奴，苦了貓咪。

颱風假

北北基下午兩點停班停課！！

密切注意新聞

也就是說⋯⋯

我們賺到了一下午的清閒

沉 穩

貓奴回家後⋯⋯

颱風我恨你⋯⋯

哈哈哈！塔克好可愛

奴之歡笑

人魚線

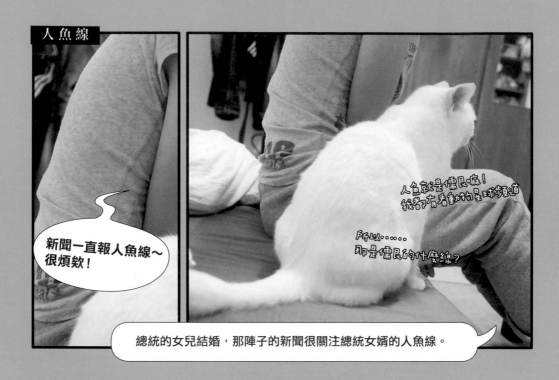

新聞一直報人魚線～很煩欸！

人魚就是儒艮嘛！我都有看動物星球頻道

所以⋯⋯那是儒艮的什麼線？

總統的女兒結婚，那陣子的新聞很關注總統女婿的人魚線。

白衣日

你在幹嘛阿？還不走趕快換上白衣服！！

找⋯⋯找⋯⋯

25萬白衣人齊上凱道，要求真相、送仲丘最後一程。

看您打瞌睡

I don't care

塔克：阿娛您們看您打瞌睡怪在打

奴

總統打瞌睡，發言人貼心提醒的紙條意外曝光啦！

腦殘病

看新聞說狂犬病恐慌已引發棄養潮

哎……

腦殘病

oooooo

好可怕的病

狂犬病喔?

媒體狂報狂犬病、政府防疫宣導疲弱，
受害者還是無辜的動物。

阿爸老是自稱「小華」，我是被逼的！一起跟老爸說聲父親節快樂！

父親節當天

小華父親節快樂

小華父親節快樂

來喔～
預備～起！！

表情可以
開心點嘛?！！

臭白貓
注意一下態度

農曆七月初一　當鬼門開啓……

鬼門開

農曆七月到了，眾貓奴們可要注意了……

用心良苦

感謝貼心的塔克，特地在鬼月為奴訓練膽量。

2013年8月正逢農曆七月，一時興起玩了個「徵求貓咪靈異照片」的小遊戲，
沒想到短短一天半就有300多人參加，貓奴們紛紛出賣自家貓咪，扮醜的、讓
人噴笑、另有玄機的照片還真不少，可謂高手雲集啊！

靈異照片大賽

2013 農曆七月 第一屆
雙貓靈異照片大賽
收件截止時間：8月20日 晚上8點
快來報名 不然深夜會被貓壓床

你有看到那個
靈異照片大賽嗎？

當然有啊！

一堆翻白眼
麻麻的……

震怒

把貓族顏面
放在哪裡？！！

兩小時後……

zzz……

特別加映

里約耶穌麵

很多人說麵麵胸口的白毛像張開翅膀的雪天使，還有人說是里約耶穌像，這麼多年來我都沒注意到這一點，不禁佩服網友的想像力！

Photo by Sean Vivek Crasto

上班族一週神情

和不斷處於驚訝狀態的麵麵比起來，塔克的表情真的很多，也比較有戲劇效果。「上班族一週間神情之變化」是粉絲團裡轉貼、按讚次數最多的，同時也是被盜用次數最多的，看到塔克的圖被裁切得亂七八糟到處轉貼，感覺實在很差啊！

星期一

本王要睡覺！！

星期二

真的開始睡

星期三

怨念逐漸累積

星期四

看開了

星期五

快要解脫，喜上眉梢

星期六

整天都在玩

星期日

深夜的覺悟

**上班族一週間
神情之變化**

你，覺悟了嗎？

躲貓貓

看戲看累了嗎？來玩個小遊戲輕鬆一下。
找找看，貓在哪裡咧？

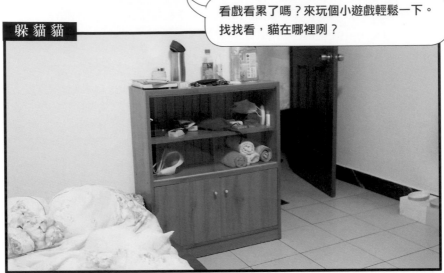

第四章

貓奴守則

每天早上，看到這個畫面，是幸福的……

> 我知道，
> 你們是愛我的（吧）

　　每天下班都很期待看到他們等門的樣子。尤其是塔克，經常是剛停好車就聽到他在四樓拉長音，進門就能看到兩位坐得直挺挺（或癱得軟趴趴）的等我回家，那種被需要的感覺真的會讓人甘願做牛做馬。（顯示為奴性指數破萬）

　　有人說貓比狗冷漠，其實貓只是比較內斂，平常看起來愛理不理的，分離的時候卻比誰都希望快點看到你。有一年我回高雄過農曆新年沒有帶他們回去，託給台北的朋友照顧，朋友說麵麵瘋狂的想要出門，好像在找我，但他平常完全不會有這類行為啊！假期結束後，回去看到門邊牆壁上竟然畫了一條一條的血痕，檢查之下才發現麵麵的趾甲都抓流血了，當下真是又心痛又感動，他倒是看起來沒什麼不同，一樣坐在某處靜靜的看著我，彷彿這幾天什麼事也沒發生過。

　　想我就直說嘛！哼哼！

每天早上睜眼必看到的畫面，兩位等我起床備早膳。

移動式貓形扶手【專利申請中】
溫暖、柔軟、造型優美，
內建自動梳理功能。
廿一世紀人類必備的居家用品！

手 腳 不 夠 用

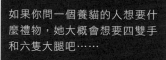

如果你問一個養貓的人想要什
麼禮物，她大概會想要四雙手
和六隻大腿吧……

坐在書桌前最大的挑戰，不是完成桌上的工作，而是努力不被腳邊的眼神所迷惑！

四目相交的循環

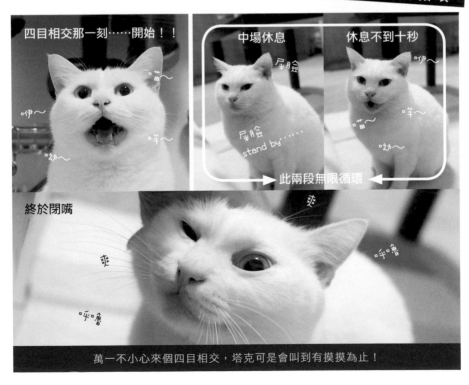

四目相交那一刻……開始！！

伊～

喵～

幼～

中場休息

尸臉

尸臉
stand by……

休息不到十秒

伊～

喵～

幼～

此兩段無限循環

終於閉嘴

爽

爽

呼嚕

呼嚕

萬一不小心來個四目相交，塔克可是會叫到有摸摸為止！

晚上畫圖時，
某貓硬要擠上來擺 Pose

好啦，我們都知道他撐不了多久～

嗯，這樣才對……

服侍喵星人指南

又硬又冷……
貓奴扣十分

忌 喵星人體虛，易著風寒，若其
玉體欠安，則為破財之兆。

嗯～下去領賞

宜 喵星人擇眠之處，必為福地，
切勿與其爭奪，否則徹夜貓壓床。

討吃的

堅毅誠懇的眼神→

親愛的奴，
快把鱈魚絲交出乃

哈囉～～
白貓過曝了

增加氣勢的道具→

←充滿自信的肢體語言

奴之大腿

雖然平常為他們做牛做馬，但只要手上有貓零食，就可以玩弄他們於股掌間啦！

此時才能大聲的
卑賤之手→

內斂的眼神→

加嗎送你握手，
快給我吃～～

坐下！

←瞬間變靈活
的奶油桂花手

滿足怪癖，缺奴不可

　　很多貓咪都是從小就有按摩（推推）的習慣，從來不按摩的胖子麵，卻是在八歲那年的某一天突然學會了按摩。從此之後，他好像要彌補過去八年的損失似的，每天都要按摩，餓了要按、飽了要按、想睡也要按……而且麵麵堅持按人體，不像塔克喜歡按棉被，於是我每天清晨都在一陣陣的呼嚕聲和貓壓床中醒來。有時候想睡得要命，被他踩著肚子實在不舒服，只好翻身側睡，怎知他後來練就了人

肉～
觸感每好～

試手感

所在位置：
奴肚上方

眼神迷濛

呼嚕……

按啊按～

！！！

深不見底
貓乳溝→

戳

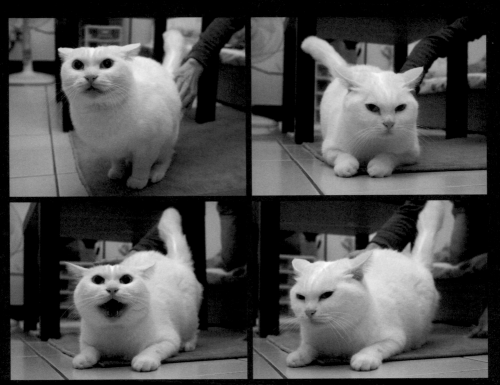

美好的拍屁股時光，塔克越開心、呼嚕越大聲，他的臉就越臭……

類側睡也能踏在側身按摩的本領，五公斤重物壓在肋骨上真的很痛，讓人不起床也不行啊……相較之下，塔克就貼心多了，頂多貼在枕頭旁邊，等我翻身時撞了一臉貓毛，自然會醒來……

　　塔克對於按摩比較沒這麼狂熱，他最熱中的是被人類拍打屁股。很多貓都有這種怪癖，但塔克似乎 M 屬性特強，拍得越用力、他呼嚕得越大聲，往往要用盡全力拍到手發疼，他才高興。所以常能看到這樣的詭異畫面：一匹屎著一張臉、屁股翹得老高的白貓，和一個面部猙獰、「啪啪啪！」狠拍著貓屁股的人類。如果手痠了停下來，塔克可是會不爽的回頭咩咩叫，意思是：「誰叫你停的！」

拍屁股

呼嚕···

呼嚕···

滾筒黏貓

忙碌的滾筒

快給我滾！！

↑
聲控式
滾動馬達

除此之外，黏毛滾筒也是塔克的最愛！

失蹤驚魂記

　　他們是很乖的貓咪，這麼多年來沒有給我太過刺激的打擊，但兩貓各有一次讓我體會什麼叫快窒息的感覺。

　　大約五年前的某個週末早上，我還在熟睡的時候，突然聽到室友急急敲門和呼喊的聲音，我立刻驚醒跳起來。室友說：「塔克跑掉了！」我嚇到又慌又亂，接著聽到一陣陣貓叫聲，才發現他推開廚房紗門，從後陽台跳出去，落在遮雨棚上面喵喵叫。我慢慢靠近，一邊祈求他不要又突然跳開，然後死命伸手一把抓住他，把他撈上來。現在想起來，其實他應該也是很慌不曉得該怎麼辦，才會乖乖待在遮雨棚上面叫我去救他吧。

　　至於麵麵，幾年前有一次房東帶師傅來整修房子，我出門上班前反覆交代進出時門一定要關好，以免貓不見。到公司後突然接到房東電話：「找不到黑貓！」當時實在無法離開公司，心裡七上八下，好不容易挨到午休立刻飆車回家找，喊了半天找不到都快哭了，後來才發現麵麵縮在抽油煙機上頭的最角落。當下有一種全身虛脫的感覺，無法想像如果他真的不見了該怎麼辦！

居家必備
鎮宅之寶

左護法
黑面煞

右護法
白無常

家有這兩尊，如同神明坐鎮，保佑國泰民安、風調雨順，
不但出入平安，考試都考一百分呢～所以，千萬不能弄丟啊！

太極

掌中太極

貓太極

> **有了貓，**
> **生活就不全屬於自己了**

　　我已經快忘了養貓以前的生活是什麼樣了。有了貓之後，小東西再也不能隨便丟在桌上、心愛的模型冰封在櫃子裡很久了、不能任意出遠門，加上像麵麵有異食癖熱愛吃塑膠袋、咬電線，塔克有看到門就想打開的強迫症，所以注意門窗、雜物收拾乾淨都是基本要務。除此之外生活中還有太多小細節要留意，所以家裡總少不了一些莫名的景觀……

■**穿緊身衣的垃圾桶**

　　家有食塑膠袋狂魔，於是屋子裡放眼望去看不見塑膠袋，但垃圾桶不能不套垃圾袋，所以垃圾桶永遠都穿著緊身衣，也就是垃圾袋一定要很服貼，才不會讓麵麵有容易「下嘴」的地方。如果垃圾袋比較大也沒關係，只要扭緊再用夾子固定，再把夾子夾住的那一小捲塑膠袋反摺塞入，胖子麵得逞的機率就非常低囉，浴室也就可以開著門通風啦！

　　除此之外，房間是不用垃圾桶的，而是在高處黏貼小勾子，再把小塑膠袋掛在勾子上當垃圾桶。不得不說，住在高空的塑膠袋看起來真是莫名其妙啊……

■**我家牆壁超忙**

　　除了塑膠袋，包了一層可口塑膠皮的電線也是麵麵的愛，只要一不注意，電線

表面找不到電線垂
吊的LED檯燈→

防止貓壓筆電的
障礙物↓

防止貓刮花的筆電防護布→

藏在下層的繪圖板→

↖使用障眼法矇蔽貓眼的
可拉出滑動夾層

↖隱藏電線蹤跡的白紙

不怕貓抓爛，但是也
很難坐的硬折椅→

就掰掰了。以前無線網路裝置還沒有那麼普遍的時候，曾有一次網路線被王八麵咬斷，我只好把整間屋子沿著天花板和牆壁行走的網路線全都扯掉，摸摸鼻子買一條新的線再重牽。

現在雖然有了 Wi-Fi，但電線還是少不了，因為租屋不能隨意釘牆壁，所以家裡所有電線都沿著牆壁用無痕膠帶固定，突出的地方則用白紙蓋住，從此以後再也沒有電線陣亡了！所以我家牆壁上又是膠帶又是白紙，肩負了保衛財產的重任。有時很慶幸胖子麵不太聰明，否則這些方法未免也太容易破解，那我可就麻煩大了！

■垃圾蟲不要來！

雖然兩貓用的是木屑砂，但因為不放心舊公寓的排水系統，除了便便沖馬桶以外，崩解的木屑粉都還是當成一般垃圾。

新北市規定使用專用垃圾袋，所以沒辦法天天倒垃圾，裝有貓砂的垃圾很容易吸引蟲蟲，不少貓奴都有這種煩惱。所以很多人會特地買可以密封的垃圾桶，或者垃圾袋自動封口的專用垃圾桶，但缺點是不便宜。其實只要在一般的有蓋垃圾桶裡面灑一些樟腦丸，就能延後蟲蟲出現的時間。經過實驗，即便在萬物滋長的炎熱夏天，還是能維持一週無蟲喔！

貓奴怎麼每天都把自己搞得這麼忙？

你有看過很閒的奴隸嗎？

第五章

喵星人
行為教室

喵星人行為教室

塔老師

不解吾人之行為？

麵老師

喵星人下凡來解答 ～～～

廁所有著神祕吸引力

這您就有所不知，看人類坐在那桶子上有一種莫名的喜感。且此時不管跳上大腿、登上水箱蓋、抓門、衝進浴室翻滾，人類都毫無起身阻止的能力，此時不為所欲為，更待何時？

後旋之耳→

康熙皇帝在奏摺批閱「朕知道了」，這意思也差不多，懂沒？

釋義：
「我聽到了，但不想理你。」

點評：
貓奴要知足，跪恩退下即可。

麵麵～
麵麵麵麵麵麵
麵麵麵麵！！！

（跳針之奴）

不放棄任何看表演的機會

曬衣服的時候
總有觀眾看表演

↑
監工在室內監看
貓奴在後陽台勞動
↓

賤奴有沒有認真做事

監工2號

而且觀眾會越來越多

他還有空拍照～
這個月扣他薪水！

監工1號

不禁讓人有一種
宛如巨星的fu～

這賤奴
抖得不輕

你沒
餵他吃藥嗎？

才不是看表演咧！藥奴有什麼好看的。陽台超神祕的你不覺得嗎？在陽台進行的活動一定藏有某種機密……

黑白佳佳貓
跳恰恰

123

通通都是好味道

喔～
我愛聞女奴的睡褲

攪

喔～奴的屁屁香～

十歲了還在
口腔期……

穿過的衣褲、剛脫下的襪子最好聞了，但藥奴每次都急忙丟進洗衣籃裡，真是小氣巴拉！

喵星人：快把腳上的襪子交出來！

腳下有東西，就像出門有轎子，具有至高無上的尊榮感，而且墊得越高、感覺越好！

墊著東西就是好

化身大型路障

夏日之時，喵星人是哪兒涼快就待哪兒你是知道的，我倒覺得奇怪，怎麼人類老喜歡在這些地方走來走去？

第六章

生活大小事
讓小的來伺候兩位吧！

和貓相處近十年來，最大的收穫就是生活中有貓的無比快樂。貓咪是很獨立、優雅而安靜的動物，雖然無須隨侍在側，彼此的生活模式往往是在同一個空間內各做各的事，但照顧喵星人是貓奴的責任，有些地方，本奴隸是絕對不會敷衍了事的。（兩貓：拜託你敷衍了事）

剛養貓的頭一年，那時候真的是新手上路，對於自己動手總是不放心，所以會帶麵麵去寵物美容剃毛、洗澡。直到有一次，我在外頭等著麵麵剪好毛帶他回家，卻隔著玻璃看到美容師一個恍神把他的右耳剪缺了一塊，美容師慌張的用止血粉按壓傷口，我則是心疼得要命想立刻帶貓緊急送醫。奇怪的是，胖子麵竟然毫無反應，完全沒有表現害怕或覺得痛，一臉呆呆坐在原地，實在不曉得他是嚇呆了還是神經傳遞比較慢。而那個剪到的缺口，到現在還留在他右耳上。

從此以後，洗澡、剃毛、剪趾甲什麼的，一律自己來。和短毛的塔克比起來，照顧胖子麵的確需要花比較多心力，他每年夏天至少要剃三、四次毛，維持涼爽的短毛；加上長毛貓的腳底毛會竄出趾縫，容易潮溼、沾到髒東

由此圖可以說明
貓為什麼會
這麼討厭洗澡……

西，以及很多長毛貓的貓奴會遇到的——屁股沾便便，對於笨手笨腳的胖子麵來說更是家常便飯！所以每兩個月就要剃腳底毛、屁股毛，一年四季都是屁股光溜溜的造型，從此以後再也沒有便便在屁股盪鞦韆了。

後來曾有機會到寵物美容店家幫忙，讓我更加堅持貓咪洗澡、剃毛都要自己來。因為美容院一天至少數十隻狗貓進出，水槽、工作台、烘毛機、梳子等設備都是共用的，雖然美容師很盡力維持環境，但怎麼樣都不比自己家乾淨。而且，不少貓咪光出門就非常緊張了，更何況要在充滿陌生氣味和狗叫聲的環境中，被陌生人剃毛、沖水呢？有些飼主因為貓咪很凶，便習慣把貓交給美容院處理。真正的凶貓光是戴頭套並沒有多大作用，銳利的爪牙經常讓美容師傷痕累累，只能被迫把貓咪的四肢綁在工作台上，甚至打麻醉，所以大家一定都聽過貓咪因為美容時麻醉或過度緊張而往生的案例。

有這麼多原因，所以很建議貓奴自己洗、自己剃，也曾看過貓友分享：「我家貓超級凶，只能每天趁他睡覺不注意的時候偷偷剃一點，花半個月就可以剃完整個背部。」這種耐性和用心著實讓人敬佩！剃得美不美真的不是最重要的，就算每次都被我剃得像被除草機壓過，他們在我心目中依然是最可愛的貓咪，而且在家給誰看啊？所以這麼多年來，本奴隸剃毛的手藝可說是不求上進。怎知命運捉弄人，要是早知道現在還真有這麼多人看，應該把剃毛的手藝練好一點才是……

WINTER　SUMMER

由此圖可以說明貓為什麼會這麼討厭剃毛……

地下那堆東西好眼熟⋯⋯

該死的蠢奴，
把老娘剃成穿
衛生衣的阿北。

每次脫光衣服，都會瞬間覺得麵縮水了。

FRONT

正經　八百

BACK

時尚頭套

愛心卡撐

穿衛生衣不但涼爽宜人，而且從前面一點也看不出來有剃毛呢！

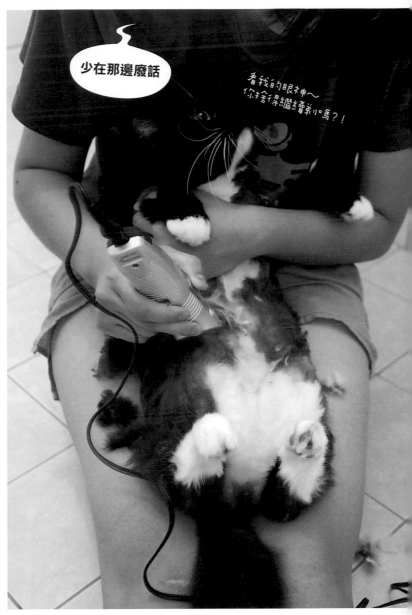

少在那邊廢話

看我的眼神～
你捨得繼續剃嗎？！

腳底毛光溜溜

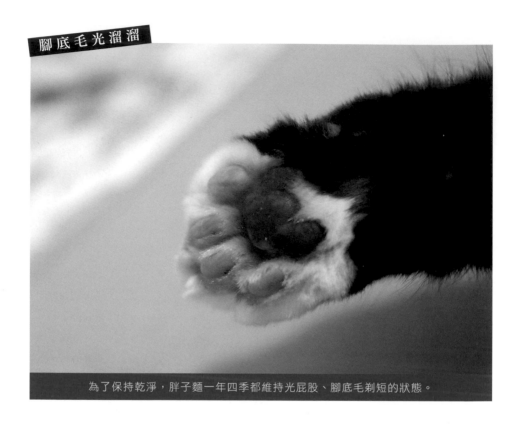

為了保持乾淨，胖子麵一年四季都維持光屁股、腳底毛剃短的狀態。

胖子麵為何枯坐原地，遲遲不肯離開？

一切都是因為……

屁股光光

光溜溜

貓女奴豬頭三，害老娘晚節不保……

他的卡撐，很光……

Q1 剃毛是必要的嗎？

有一派的說法是，貓毛具有保護皮膚、調節散熱的功能，所以不能剃毛。兩貓的情況是，在夏天常會食慾明顯減退，長毛的胖子麵更是整天精神萎靡。有一年因為感染黴菌，為了治療而不得不剃毛，意外發現兩貓的精神和活動力改善很多，後來就維持每年夏天剃毛的習慣了。

那麼貓咪剃毛會不會自卑？的確有貓會覺得不開心。但麵和塔克剃完之後會在客廳奔馳咩咩叫、發出躂躂的貓蹄聲，看起來不太像自卑，比較像……舒爽？！所以說是否要剃毛，還是要看每隻貓的情況而定。

跨蛤？
沒看過嘴邊肉啊？！

臭踃

Q2 順毛剃還是逆毛剃？

雖然逆毛剃可以剃得比較乾淨，但也比較容易讓皮膚及毛囊受傷，所以若使用電剪還不太上手，或對貓咪的反應沒有把握，最好順毛剃。而且有的貓咪很討厭逆毛剃的感覺，可能會抓狂，所以要依每隻貓的情況而定。

登愣

↖ 出汗的
嘴邊肉

喔～沒事～只是要跟你說要剃今夏第二次毛了

（奴之愛心小提醒）

Q3 為什麼要留尾巴不剃？

被問過好幾次這個問題。就我自己的觀察，覺得尾巴毛讓貓有安全感，捲著毛尾巴睡覺，就像人類小孩抱小毯子一樣。而且尾巴留著毛，以及四肢留一截「手套」，可以讓貓滿足舔毛的習性。

另一個原因是，有的貓在完全剃光的情況下會認不得自己的尾巴，進而攻擊、啃咬使尾巴受傷，嚴重的甚至會導致截尾喔！所以即使是外面的寵物美容，也都會在尾巴末端留一小撮毛球。麵麵和塔克曾在多年前一次黴菌感染、不得已的情況下，連尾巴都剃光，但是他們沒有攻擊自己的尾巴，所以這也是因貓而異。

放空

Q4 多久洗一次澡？

貓咪很愛乾淨，還會梳理自己，最多半年洗一次就好，太常洗反而會破壞貓咪身體的油脂平衡。健康的貓是不會有體味的，若有異味，通常來自耳朵、嘴巴及肛門，而最常見的問題分別是耳疥蟲、牙齦炎和肛門腺炎，這就不是洗澡能夠解決的，一定要看醫生。麵麵和塔克一年洗一次，入浴吉時是每年夏天最熱的時候。但說真的，完全不出門的家貓，就算一輩子不洗澡也關係……

認命

我們吃的不太一樣

　　2012 年底，我開始把兩貓的食物換成主食罐，讓他們漸漸減少對飼料的依賴。經過一段時間的實踐，2013 年 5 月，我在部落格寫了一篇關於轉換食物及自製貓食的記錄，很多人跟我說，他們看了文章之後也開始學習自製貓食。會產生這樣的改變，一切都要感謝「菲比樂事」部落格的版主「凱特」，他因為貓咪接連得了腎臟病而不斷吸收各方面的資訊，從 2012 年就開始推廣濕食，他的經驗分享在許多貓友（尤其是家有腎病貓的貓友）交流之後漸漸發酵，濕食的觀念也慢慢散播開來。

■飼料，永別了！

　　所謂的「濕食」就是相對於「乾飼料」的主食，包括罐頭、自製生鮮貓食等等。為什麼濕食很重要？如果從頭詳細說明的話大概要寫上半本，然後這一章還沒看完你就已經把書給撕了。（只好再買一本……那我一定要多寫一點）

　　簡言之，貓需要從食物中獲得水分，而乾飼料不但是過度加工的化學產物，且含水量只有 10％。貓是忍耐力非常高的動物，包括耐旱、耐渴、耐痛，所以貓咪出現明顯症狀的時候，往往已經很嚴重了。

　　以飼料為唯一主食的貓很難喝到足夠的水量，使得身體長期處於輕微脫水的狀態，後果就是尿道結石及腎臟病。這兩項疾病在家貓身上很常見，這幾年來，我身邊就有好幾位朋友的貓因為腎臟病過世，年齡從五到十歲不等，我以前甚至蠢到以為「貓本來就是容易得腎臟病的動物」，現在想到就忍不住要抓自己的腦袋去撞牆！

凱特熱心翻譯自國外獸醫 Elizabeth Hodgkins 的著作《Your Cat》其中一小段文章，內容是貓咪長期以高碳水化合物飼料為主食，導致家貓常見的肥胖及糖尿病的案例，我看了之後立刻想到一年比一年胖、減少餵食量也瘦不下去的胖子麵；同時間，有個朋友的貓生病了，而且很可怕的「又」是腎臟病，他的貓年紀和塔克差不多，同樣從小到大都只吃飼料、同樣一直以來都很健康（直到發現生病為止）。

　　都已經有這麼多前車之鑑了，我還有理由不信邪嗎？所以，問我為什麼要換食物？我絕對不想哪一天說「因為我的貓生病了」這麼恐怖的答案。每個貓奴都希望貓咪能健康長壽，陪伴自己長長久久，但生命不是我們能控制的，只能在能力範圍內盡量為他們做到最好。

　　十年前開始養貓的時候，資訊和寵物食品的種類都不像現在這麼多元，隨著時間過去，貓奴的資訊應該要更新，但我卻用撥接用了很久，一直到前兩年都還認為：「飼料才有營養，吃罐頭沒有營養且讓貓咪挑嘴，還會牙結石。」顯而易見，我就是那種被寵物食品廠商洗腦洗得最徹底的飼主，甚至很多獸醫的觀念也是如此，為什麼會這樣？商業寵物食品背後有哪些龐大利益糾葛，不是我們能看得清的。

　　直到開始大量吸收濕食資訊之後才知道，罐頭可粗略的分為主食罐和副食罐，副食罐不能當作長期唯一的主食，以及不管吃什麼食物都會牙結石，只是速度的快慢而已，根本的口腔保養方式是確實每天幫貓咪刷牙，而不是只給貓吃飼料！

延伸閱讀

貓的濕食在國外已行之有年，但在台灣仍是比較新的觀念。有一名熱心的台灣獸醫師，翻譯了美國獸醫師 Lisa A. Pierson 網站的部分文章，顛覆了許多關於貓咪飲食的傳統觀念，貓奴們不妨看看。文章在這個網站裡：

http://avetsnote.tumblr.com/Feeding-Your-Cat

■至少要知道你的貓吃了些什麼

就現實面來看，因為經濟或時間等種種考量，並不是所有貓奴都可以完全不使用飼料，但真的很建議每位貓奴花一點時間看懂飼料包裝背後寫的原料。完全不使用穀物的飼料比較少見、價格也比較高，但至少要挑選不以穀物及植物為「主要」蛋白質來源的飼料。最好的主成分當然是肉（meat），其次是肉粉（meal），這兩種都還可以接受，但如果有看到「副產品」（by-products）就請慎重考慮。

副產品就是肉以外的部分、被人類淘汰的動物組織雜質，在分離過程中不一定能非常確實，糞便、羽毛、蹄、角都很有可能摻雜其中；更別說用來當作飼料原料的動物屍體是不是病死的、腐爛的，我們不得而知。這些拉里拉雜的東西煮成一大鍋爛爛的糊，高溫烘乾成形，最後變成我們看到的一顆、一顆的飼料。有些廠商會用含糊的名詞代替「副產品」，例如雞肉菁華、濃縮肉類蛋白等等，看起來很高級，其實並不然，所以最好還是以英文標示為主。

我在很多年以前就知道「牌子大不一定等於原料好」，有些大廠牌每年花在行銷廣告及贊助獸醫的費用，遠遠高於其講究原料的花費，所以如果在某些價格不斐的國際大牌飼料成分裡看到「by-product」，也不必太驚訝囉。

■邁向自製貓食之路

前面鋪梗鋪好長，我只是想說明為何放著方便又便宜的飼料不用，卻要大費周章的自製貓食。真的不是腦子浸水啊啊啊啊。

將主食改為自製肉泥是很大的改變，依貓咪的情況不同，需要不同的飲食調配，所以換食前必要項目是：確認兩貓的健康狀況。當時帶麵麵和塔克做了血液檢查後，最擔心的肝、腎指數，雖不是非常漂亮，但都在標準值內。兩貓一直都只吃飼料，年紀也不小了，指數皆合格真的讓我非常感恩，也更加堅定了「現在開始做還來得及」的決心。

從飼料到主食罐

從飼料轉換為主食罐還算順利，兩貓沒有什麼適應的問題。我曾經一度認為，以後應該都是吃主食罐了吧！但吸收越多資訊，對於商業寵物食品的疑問便越多，為什麼罐頭這麼香？單純的肉和內臟會有這樣的香味嗎？另一個促使我選擇自製貓食的原因是，主食罐的開銷不小，如果改成自製，即便選用品質較好的無抗生素雞肉，自製肉泥的每公克成本還是比品質好的主食罐來得低。進一步計算，購入自製肉泥必備的絞肉機，成本大概半年可攤平，長期下來是值得的投資。

做好規劃之後，我開始把新鮮雞肉剪成小塊拌在罐頭裡，讓他們習慣肉的味道。兩貓吃飼料吃了一輩子，不可能突然頓悟「我是肉食動物，我要吃肉」，他們不但因為習慣吞食飼料而失去了啃咬大塊骨肉的本能，嗅覺和味覺更是早已習慣濃烈飼料香，而不認識天然的肉味了。值得開心的是，才試了幾天，塔克就已經不需要拌罐頭，會直接吃肉（雖然吃不多），不虧是街貓的小孩啊怎麼這麼聰明！相較之下胖子麵的執念就很深，至今仍不肯吃沒加料的肉。

換食的過渡期

去骨雞腿肉
STEP 1

雞肉剪成小塊
STEP 2

拌入主食罐
STEP 3

加80cc熱水
STEP 4

肉和湯都一口氣吃光光～好乖
STEP 5

雞腿肉還可以煎雞腿排 or 煮雞肉咖哩飯，人貓兩相宜柳～

從主食罐到自製肉泥

　　換為主食罐將近半年之後，我終於覺得自己準備好了，那個準備並不是材料或工具上的準備，而是心理上的準備，決定要跳脫被商業寵物食品的方便所豢養的慣性。要再一次謝謝凱特的付出，如果不是他翻譯的資訊，還有完整的經驗分享，自製貓食對我來說根本是遙不可及的事。

　　如果要當作長期主食，自製貓食不可不慎，並不是給貓吃肉就好，肉、骨、內臟的比例都要經過計算，目前最多貓奴採用的是美國獸醫師 Lisa A. Pierson 所調配的健康貓食譜，這份食譜也是由熱心的凱特所翻譯。食譜中使用的是生的或半熟的家禽肉，許多人聽到給貓吃生肉就嚇得臉歪歪，但其實貓吃生肉是再自然不過的事呀！

　　有絞肉機幫忙真的很方便，節省了許多剪肉、剁肉的時間，熟練之後，做一份肉泥加上收拾、清潔的時間大約只需要一小時。一個月做一到兩次，裝小罐冷凍起來，要吃的前一天拿到冰箱冷藏庫解凍，開飯時加點熱水拌一拌，或隔水回溫就可以吃了。因為生肉沒什麼味道，有的貓咪不願意吃，在過度期也可以稍微蒸一下蒸出肉香，貓咪接受

第一次吃自製肉泥就不抗拒，塔克好棒！

度會比較高。雖然食物加熱後多少會使營養流失，但「看得到原料」的天然食物還是比加工製品讓人安心太多了。

　　做肉泥不難，難的是要讓貓吃下去！自製肉泥，除了少許維他命和魚油之外，就只有骨、肉、內臟和雞蛋，沒有任何香料，聞起來的味道……就是生雞肉味，和罐頭差了十萬八千里；和香氣直衝冥王星的飼料比起來，更是像ㄆㄨㄣ一樣。所以可想而知，兩貓看到肉泥的表情就真的像看到ㄆㄨㄣ……

　　這也不能怪他們，畢竟要一個從小到大都吃炸雞的小孩，突然改成吃營養午餐，一定多少會不習慣吧！剛開始他們不吃的時候，本奴隸還會感到沮喪好想哭倒在絞肉機懷裡，但貓奴都已發毒誓要終身奴性堅強，豈會如此容易認輸！於是把主食罐和肉泥以不同比例拌在一起，測試他們接受的底線為何，然後慢慢減少主食罐的比例。大絕招就是把飼料磨成粉，灑少許在肉泥裡「提味」，60 克的肉泥大概只要灑個 5 克飼料粉，兩貓就會快速吃光。你說這是不是仙丹來著？

　　不過還是要誇獎一下麵麵和塔克，雖然他們明顯嫌棄新食物，但都還是會不甘願的、很緩慢的、來來回回很多趟的把肉泥吃完，真是兩個乖孩子！（獎品是更多的好難吃肉泥）

肉泥的怨念

很難講說喔～

一個月來
我們都愛吃不吃～
孝奴又沒勇氣再做了吧？！

哇！他再做肉泥，
我就一口
吞兩顆拳頭！！

等等！
我聽到絞肉機的聲音！

踏馬的，還
加力一顆拳頭……

剪刀聲的制約

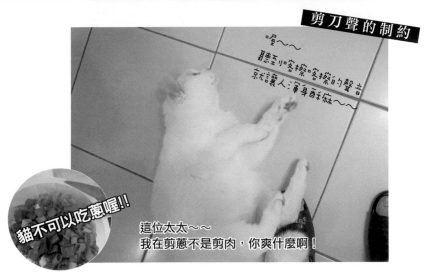

喔～～
聽到喀擦喀擦的聲音
就是讓人渾身酥麻～～

貓不可以吃蔥喔！！

這位太太～～
我在剪蔥不是剪肉，你爽什麼啊！

絞肉機ヽ

雙奴的手藝實在是…

奴才的工作真無趣

原本沒有下廚習慣，自製肉泥之後，進廚房的機會就多了。不管人類在廚房做什麼，就算不是準備他要吃的東西，塔克也一定跟在腳邊看。廚房置物架的最下層特地留了個空位，因為他喜歡坐在那個位子監工。

■全濕食之後的改變

首先需要適應的改變就是早上提早起床！尤其在冷颼颼的冬天真是與意志力的拔河。以前倒飼料多愉快，花二十秒灑幾匙，兩貓在一分鐘之內就吞食完畢；改成全濕食之後，要早起二十分鐘燒水、備早膳、觀察兩位大牌用膳的情形。以前飼料桶一拿起來他們就飛奔而來，現在兩碗肉泥擺在那邊跳脫衣舞都沒有貓要吃……

如果提早起床可以換到貓咪的健康，我想一切都是值得的。改吃全濕食之後，兩貓尿量大增，貓砂用量是以前的三倍以上，養貓這麼久，這時候才知道貓這麼會尿尿，以前還天真的以為他們很愛喝水；排便量則減少，以前每天一大堆屎，現在通常兩天才拉一次，而且只有一點點，代表食物吸收效率高、排出來的殘渣變少了。再來是排泄物的味道變得很淡，以前清底盆時衝鼻的阿摩尼亞味比好折凳還殺人於無形，不時要灑個除臭粉，現在除臭粉已經很久沒出場了。

最最最大的改變就是，從三歲之後就一年比一年胖的胖子麵，從 6 公斤慢慢瘦

瘦身前後

2012.09
6kg

2013.07
5kg

到 5 公斤，兩側鼓鼓的肥肚消失了，看到他有腰身我差點喊他太太你哪位，毛皮也更柔順光亮。而且這是在每天吃飽飽的情況下慢慢瘦下來的，因為自製肉泥的碳水化合物趨近於零，不會讓貓咪囤積過多脂肪；以前飼料減量讓他常常吃不飽根本是錯的，他在夢裡都會靠夭了哪還有力氣陪我玩逗貓棒運動瘦身？飼料減量或者吃減肥飼料幫貓減肥，就像人類用節食或吃仙女餐的方式減肥一樣，就算體重減輕，也減掉了許多肌肉，使得代謝下降，容易引發往後的溜溜球效應。

使用崩解式木屑砂，兩貓一天半的尿量，是吃全乾糧時的三倍。

天然愛心化毛膏

兩貓很久沒有吃市售的化毛膏了，偶爾可以在肉泥或罐頭裡面摻一點蒸熟的南瓜泥，能幫助消化，是最天然的化毛膏。

■**生食會不會有細菌和寄生蟲？**

這個問題真的被問過好多次喔喔喔喔喔！來決鬥……不是啦，再簡單說明一次吧！（握拳）

其實不管什麼食物都有風險，吃飼料也不保證一定安全，為貓咪選擇何種食物，要由貓奴自行衡量。所以我不買現成的絞肉，並挑選乾淨、新鮮、有品牌的整塊肉或整隻雞，自製肉泥的時候保持工具及雙手乾淨、不把肉放在室溫下太久，盡可能降低風險。而且別忘了，貓是絕對的肉食動物，其腸道比草食或雜食動物都要短得多，食物在腸道裡待的時間很短，為的是降低細菌大量滋生的機率。再講到細菌，環境中無處沒有細菌，貓拉屎之後還會舔自己的菊花呢！和人一樣，只要健康狀況良好，身體自然能和細菌和平相處。至於寄生蟲，在低溫冷凍 -20℃之下七天，可殺死大部分的寄生蟲，此外，雖然我對現在的食用肉品品質還算有信心，但就算吃飼料，定期驅蟲仍不可少，就和定期健康檢查一樣重要呀！

還有另一個矛盾之處，其實曾發生過的大規模寵物中毒事件，都是飼料造成的，例如 2003、2004 年間，某國際大牌飼料因黴菌毒素污染，爆發了近萬隻狗狗腎衰竭或死亡的事件；甚至到 2013 年，台灣某品牌飼料也造成數十隻貓咪中毒或死亡，只是不曉得還有多少人記得呢？

■刷牙很重要！

　　不管吃飼料或濕食，刷牙都一樣重要，至於市面上什麼潔牙骨、潔牙飼料、加在飲水中的潔牙水，那些聽聽就好，如果吃大顆硬飼料就可以「磨掉」牙結石，那吃磚頭是不是效果更好啊哈哈哈？人類每天刷牙都會有牙結石了，更何況是刷牙沒有我們勤快的貓呢？刷牙除了能減緩牙結石累積的速度，還能減少口腔細菌，對口腔健康很有幫助！但如果不確定貓咪口腔是否健康，就不要冒然替他刷牙，因為若口腔內有傷口，可能會讓貓疼痛而更排斥刷牙。此外，若牙結石非常嚴重，甚至口腔已發炎，這就不是單純刷牙能解決的，請先諮詢醫生意見喔。

　　刷牙並不難，只是人和貓都需要適應。擠一點寵物專用牙膏在滅菌棉棒上，一手用棉棒擦拭門牙及兩側牙齒外側，同時另一手輕輕扣住貓下巴，這樣貓比較不會張嘴啃咬棉棒。試過幾種固定方式，發現在貓咪後方採跪姿、用大腿夾貓的方式最輕鬆。除了棉棒，也有人用紗布纏食指、嬰兒牙刷，或專用的刷牙指套來幫貓咪刷牙，可多加嘗試，找出最適合自己和貓咪的刷牙工具。

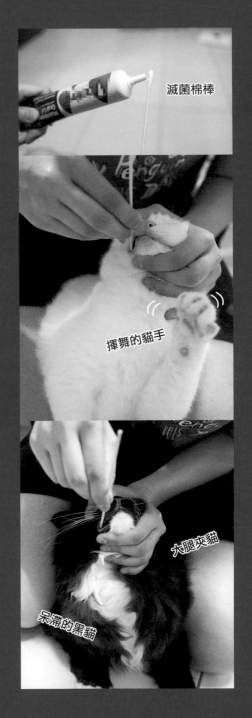

滅菌棉棒

揮舞的貓手

大腿夾貓

呆滯的黑貓

貓很懂得自得其樂

也許和很多喵星人比起來，兩貓的生活可以說是過得相當「簡樸」。怎麼說呢……在一筆預算裡面，我會把絕大部分分配給「吃」，因為這最直接關係到貓的健康，其他部分則不講求高級或豪華。我很少買玩具和零食，沒有買過跳台，必買的只有定期汰換的貓抓板。兩貓最常玩的玩具是不用錢的紙箱；揉一顆紙球丟地上，他們就能玩得不亦樂乎；夏季剃毛的時候留一些毛不要丟掉，揉成毛球，麵麵非常熱愛追逐自體生產的毛球。

由於租屋在外常常每幾年就要搬家，沒辦法做什麼大工程，便盡量利用現有的東西，例如冰箱、櫃子、桌椅，讓他們有可以跳上跳下的垂直活動空間，在冰箱上面疊個箱子，讓大冰箱的高度更高，待在上面可以俯視整個屋子，那也是塔克最喜歡待的地方。胖子麵喜不喜歡我不知道，因為太高了他跳不上去……

對貓咪而言，曬太陽就和睡覺一樣重要，在曬得到太陽的窗前，我會放個架子或矮櫃讓他們可以曬太陽睡午覺；或利用現有的外推式窗台，把鐵欄杆用鐵網和紗網牢固的圍起來，就成了陽光暖暖的觀景台了。這些 DIY 都花不了什麼錢，對貓咪來說卻是再實用不過的生活必需品。貓奴省錢，貓咪愛用，何樂而不為哩？

剃下來的毛不要丟掉，做貓毛氈外還能搓成好玩的毛球。若怕貓咪會吃毛球，貓咪玩的時候要在旁邊看喔！

總覺得這毛球特別有親切感！

自製毛球

胖子麵非常愛自己的毛球，
喜歡叼著它走來走去

威武

自體生產之↗
純天然有機毛球

殺氣

路貓甲的心思相當縝密

他會不會踩到
自己的皮

也喜歡撥弄它玩追逐遊戲

是一種
祭祀儀式嗎？

以及特地把它叼到
山頂上放……

最愛爬高高

最高的櫃子上
是塔克喜歡待的地方

也是胖子麵
上不去的地方⋯⋯

唔⋯⋯
原來貓可以跳
這麼高⋯⋯ 啊不然咧⋯⋯

震 驚

我以為黑熊
才不會爬樹

貓咪觀景台

不管搬到哪，只要環境允許，我都會在不破壞房子的情況下，幫他們做簡單的安全陽台，鐵網格、
紗網、束帶就是隨手可得又好用的工具。但務必注意安全，依每隻貓的不同習性來調整施工強度。

後記

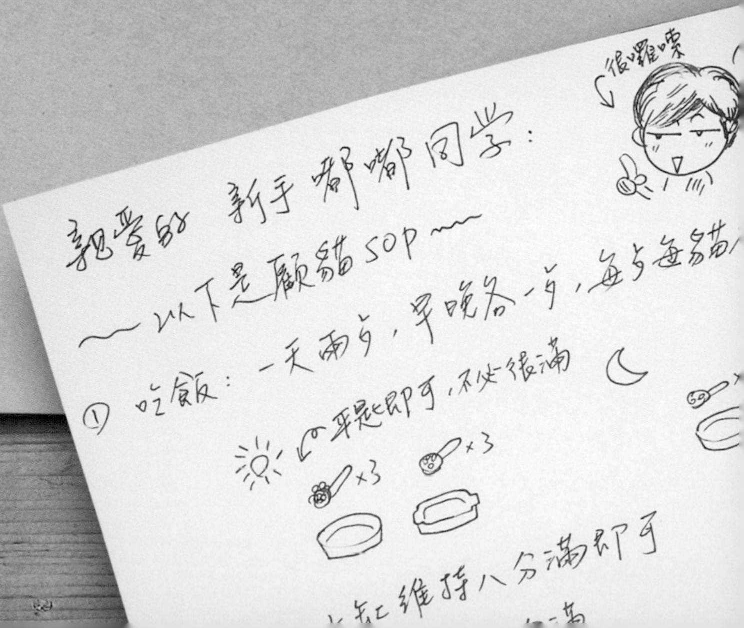

親愛的 新手鏟鏟同學：
～以下是顧貓SOP～

① 吃飯：一天兩勺，早晚各一勺，每勺每貓<!--unclear-->
平匙即可，不必很滿

☀️ ○₁平匙即可,不必很滿

🌙

🥄×3   🥄×3

🥣   🥣

以紅維持八分滿即可

又要搬家啦?
別忘了帶著我嘿!

不只是貓

　　在養貓以前覺得貓就是一種可愛的動物,僅止於此;養貓之後沒有多大改變,差在生活中多了需要照顧的對象。說來也許很難相信,雖然跟麵麵朝夕相處,但一直到整整三年之後,我才真的感覺到他對我來說不只是一隻貓而已,那種感情會累積、日漸濃郁;而且隨著時間的推移,人與貓之間的頻率會越來越接近,生活步調也會磨合到一種最平衡的狀態。

　　一直到現在,麵麵十歲了,跟他相處已經九年多,我從小屁孩變成歐巴桑,他也不再年輕。想到這裡就會很害怕離別的那一天,每次看著他全身越來越鬆的皮,都會一邊搓著他的鬆皮跟他說:「活久一點好不好? 30 歲就好!」他一定覺得我

很煩吧……

　　曾經有一段時間遭到老天的創治，命運不順，落魄到去看醫生的時候才發現健保卡被鎖卡了；接著被積欠數月薪水，然後老闆惡意跑路，直到法院傳票寄來公司，我們才發現老闆是詐欺累犯；當債主突然討上門的時候，只好跟同事們躲在公司裡把燈通通關掉、大門深鎖假裝沒有人在……只能說人在衰的時候常常會一路衰下去。我是個脾氣很硬的人，寧可跟銀行借利息 18% 的信用卡貸款，也不願跟家人或朋友開口（畢竟是自找的開口多丟臉啊哈哈哈）。在這段從零開始的時間裡，兩貓是最大的精神支柱，他們永遠不會嫌你窮、嫌你給他吃的不好、住的不好，也永遠不會背叛你。所以即使在下個月房租沒有著落，還要因為工作關係南北奔波、不斷搬家的時候，我也不曾想過要把他們怎麼樣。（絕對不是吃掉）

本書的
開端是……

　　說真的，剛開始只是因為好玩。除了寫部落格，平常也會和朋友分享一些貓的生活（醜）照，博君一笑，久而久之竟然累積了一點點固定讀者，然後有網友要求「開個粉絲團嘛！」2012 年 9 月底開張，三個月後累積 1000 個讚，小有成就感，七個月後竟然破萬，這是當初始料未及的！對一個喜歡看大家笑得東倒西歪的怪咖

為什麼要叫「跳恰恰」？

只有心細如髮的人才會問這個問題，哈哈。因為恰恰舞步由兩人合作，一退一進、一拉一牽，默契十足。麵麵和塔克往往一個憨呆、一個毒舌，就像唱雙簧般的一唱一和，也像跳恰恰一樣需要絕佳的默契，所以當時就取了「黑白雙貓跳恰恰」這個名字。另一個原因是，「跳恰恰」聽起來俗擱有力，也比較好記啦～

而言，每天有觀眾跟著笑的感覺真的不錯，比獨自一個人雙肩抖不停還要有趣多了。

交流的對象多了，整個責任感就起來了（自我幻想中）。粉絲團開張以來，固定的版友應該不難發現有幾件事是我會反覆提的：**以認養代替購買／支持流浪動物 TNR ／拒絕繁殖摺耳貓／重視家庭伴侶動物絕育的重要性**。除了讓大家每天開心笑笑，若能順便用這個多少有人在看的平台散播一些正確觀念，發揮一點小小的影響力，似乎也不是件壞事。

不少人對我說過「你好有愛心喔」，其實我深知即便是愛，也有小愛和大愛之分。我愛我家的貓，這只是「小愛」，那些為流浪動物付出許多時間、金錢和心力的志工們才是所謂的「大愛」；但如果每個人都確實做到小愛，並能稍微愛屋及烏，那麼累積起來的正向力量是很龐大的。這是當年採訪志工們所學習到的，至今謹記在心。

宣導短片

我是米克斯貓，我沒有品種證書，但是我很可愛。

以認養代替購買，好嗎？

宣導短片拍攝中……

你好不適合裝可愛

屎臉

老娘也這麼覺得

收工後

有使命感的記者

會從好玩演變到出書,這個過程彷彿是一趟新奇的旅程!其中一定要抓出來感謝一下的人,就是東森寵物雲的記者 Hannah!多次接觸之後,發現她其實是個很有社會使命感的記者,對流浪動物相關議題的報導總是多加著墨,就是要多一點這樣的媒體工作者,才能更發揮媒體的正向力量啊!

在粉絲團開張三個月後,開始有一些媒體採訪邀約,大都是「秀出可愛貓」之類的主題,因為可愛的貓實在太多,我家兩位算什麼咖,覺得好害羞,便都婉拒了。直到遇到了 Hannah,她說想要介紹我做的惡搞圖「貓咪甄嬛傳」,附加一句「非常樂意幫忙宣導以認養代替購買的觀念」,整個順到我的毛……啊不是啦,就是莫名的讓人覺得很有意義。結果我真的沒想到大家對「貓咪甄嬛傳」的反應會這麼熱烈!早知道當初就把圖做得精緻一點……啊,還有,那兩頂帽子都是合成上去的,別再問帽子哪裡買的啦～～～

外甥女采加做的黏土雙貓,小朋友的作品真是可愛極了!

貓咪甄嬛傳

啟稟娘娘，外頭來了隻浪浪，已經和喵奴耗了一個時辰～

賤貓就是矯情，裝模作樣的勾引喵奴！

看到網友說麵麵不像娘娘，比較像鰲拜，於是隔天我就……

甄嬛傳花絮

聽說我們上新聞了

有話要說嗎?

別再問清宮中間那隻兒買，是蔥奴合成的

該死的蔥奴，P圖P到導起墉

還有網友說我是鰲拜，太超過了罵!!

網友中肯

第久……

偷笑抖動ing

黑白隻隻貓趴合合　151

有愛的專業保母

　　出門在外的貓奴，共同的煩惱之一大概就是「幾天不在家怎麼辦」。所以說，出外一定要靠朋友就是醬！很感謝這幾年來，朋友們對兩貓的照顧，每當返鄉或出遠門就要靠這些專業保母了！

保母 1 號：**鄭阿喵**

這是他家五貓之一的「包子」，別看包子好像很嚴肅，其實他完全沒有神經，而且跟麵麵一樣全身軟綿綿的。當初包子在路上流浪，被鄭阿喵打包回家，成為他家五喵成員之一，從此過著幸福快樂的日子。

包子

保母 2 號：**李四一**

他家三貓曾經是我們的室友，卡茲更曾和塔克浴血決鬥。搬家之後雖不住在同一個屋簷下，但還會不時來當雙貓的保母呢！

卡茲

小陽

小柔

前面兩位保母都是養貓經驗很豐富的貓奴，有幾次因為只有一晚不在家，便託給室友照顧。但室友沒有養貓經驗，於是畫了一張「顧貓 S.O.P.」。那當時兩貓還是吃飼料，吃的部分比肉泥好解決得多。

完全看得出來貓奴
的囉唆性格

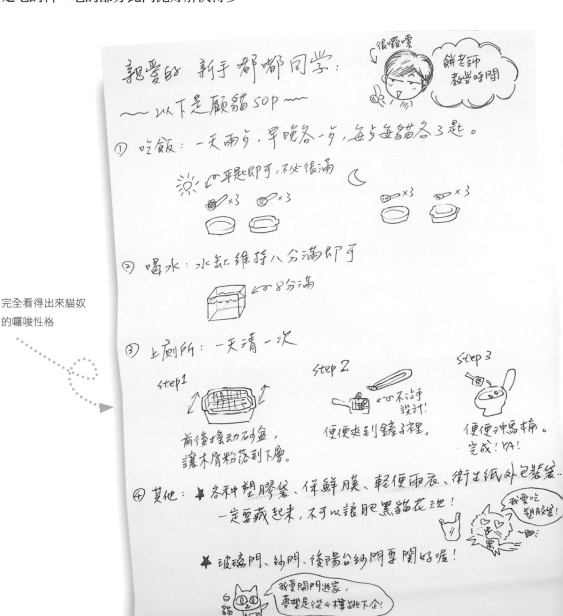

因為你們，
我學到好多

在 FACEBOOK 出現之前，維持寫部落格的習慣已經十年了。回頭看看剛養貓時寫的日記，都還是會會心一笑，或者搖搖頭笑一下自己以前怎麼這麼蠢。在很多方面，每個人都是從空白的狀態學起，養貓也是；但時間久了會成為一種慣性，貓咪看起來「這樣也過得很好」，就可能不會這麼積極更新腦袋裡的資訊。開始寫粉絲團之後，因為常有人問一些千奇百怪的養貓問題，除了基本款的「怎麼餵藥？」「要先剃毛再洗澡，還是先洗澡再剃毛？」還有比較特殊的如「貓可以吃榴槤嗎？」「白貓都很愛靠夭嗎？」甚至是超過我能力可以回答的問題如「我家貓得了惡性腫瘤，飲食怎麼調整比較好？」

雖然沒有提供諮詢的義務，但遇到這些問題多少會引發我的好奇心，於是會想

工作認真一點，明天要罪箱罐罐給我加菜！

總⋯⋯總覺得
背後有股殺氣。

辦法看很多資料，消化之後再整理給這些版友，或者推薦更適合的詢問對象。在這個過程中收穫非常多，所以在粉絲團開張三個月之後，兩貓的飲食就有了徹頭徹尾的改變，胖子麵更因此解決了多年來的過胖問題，所以我很感謝這些發問的版友，也謝謝你們這麼看得起我⋯⋯

還要感謝好讀出版給我這個機會。當時在粉絲團累積了一點人數，每天逗大家開心著實有趣，不少人留言「出書啦！」「跪求麵麵寫真集！」雖然感到開心（明明就是虛榮），但仍有疑慮，不曉得自己是否有那個能耐。沒想到不久後就收到好讀出版的來信，合理懷疑好讀的編輯就是某位埋伏在粉絲團的版友⋯⋯哈哈哈。

不過，在這個來信之後，讓我連續三、四個月，下班後還要在累積了十年的圖海裡游泳，經過無數個挑燈夜戰之後終於整理出一千多張有系統的照片⋯⋯和寫稿比起來，整理圖片才是最恐怖的任務！但如果還有機會再來一次這樣的經驗，我想我會很開心的！

小劇場就演到這裡。咱們下次見！（揮手下降）

貓奴畫的雙貓，被眾人嫌棄把麵麵畫得太瘦⋯⋯

國家圖書館出版品預行編目資料

黑白雙貓跳恰恰／圖‧文—餅小餅著．
——初版．——臺中市 ：好讀，2014.03
面： 公分，——（小宇宙；10）

ISBN 978-986-178-311-6（平裝）

1.貓 2.寵物飼養

437.364 102025748

好讀出版

小宇宙 10

黑白雙貓跳恰恰

作　　者／餅小餅
總 編 輯／鄧茵茵
文字編輯／好讀編輯部
美術設計／鄭年亨
行銷企畫／陳昶文
發行所／好讀出版有限公司
台中市 407 西屯區何厝里 19 鄰大有街 13 號
TEL:04-23157795 FAX:04-23144188
http://howdo.morningstar.com.tw
（如對本書編輯或內容有意見，請來電或上網告訴我們）
法律顧問／甘龍強律師

戶名：知己圖書股份有限公司
劃撥專線：15060393
服務專線：04-23595819 轉 230
傳真專線：04-23597123
E-mail：service@morningstar.com.tw
如需詳細出版書目、訂書、歡迎洽詢
晨星網路書店 http://www.morningstar.com.tw

印刷／上好印刷股份有限公司 TEL:04-23150280
初版／西元 2014 年 3 月 1 日
定價／ 300 元
如有破損或裝訂錯誤，請寄回台中市 407 工業區 30 路 1 號更換（好讀倉儲部收）

本書經作者餅小餅授權，同意由好讀出版有限公司出版繁體中文字版本。非經書面同意，
不得以任何形式任意重製轉載。

Published by How-Do Publishing Co., Ltd.
2014 Printed in Taiwan
All rights reserved.
ISBN 978-986-178-311-6

讀者回函

只要寄回本回函，就能不定時收到晨星出版集團最新電子報及相關優惠活動訊息，並有機會參加抽獎，獲得贈書。因此有電子信箱的讀者，千萬別吝於寫上你的信箱地址

書名：黑白雙貓跳恰恰

姓名：_____ 性別：□男 □女　生日：_____ 年 _____ 月 _____ 日

教育程度：_____

職業：□學生 □教師 □一般職員 □企業主管
　　　□家庭主婦 □自由業 □醫護 □軍警 □其他 _____

電子郵件信箱（e-mail）：_____ 電話：_____

聯絡地址：□□□ _____

你怎麼發現這本書的？

□書店 □網路書店（哪一個？）_____ □朋友推薦 □學校選書

□報章雜誌報導 □其他 _____

買這本書的原因是： _____

□內容題材深得我心 □價格便宜 □封面與內頁設計很優 □其他 _____

你對這本書還有其他意見嗎？請通通告訴我們：

_____

你買過幾本好讀的書？（不包括現在這一本）

□沒買過 □ 1 ～ 5 本 □ 6 ～ 10 本 □ 11 ～ 20 本 □太多了

你希望能如何得到更多好讀的出版訊息？

□常寄電子報 □網站常常更新 □常在報章雜誌上看到好讀新書消息

□我有更棒的想法 _____

最後請推薦五個閱讀同好的姓名與 E-mail，讓他們也能收到好讀的近期書訊：

1._____

2._____

3._____

4._____

5._____

我們確實接收到你對好讀的心意了，再次感謝你抽空填寫這份回函

請有空時上網或來信與我們交換意見，好讀出版有限公司編輯部同仁感謝你！

好讀的部落格：http://howdo.morningstar.com.tw/

好讀的臉書粉絲團：http://www.facebook.com/howdobooks

請填妥後對折黏貼，直接投郵即可，無須貼郵票。

廣告回函
臺灣中區郵政管理局
登記證第 3877 號
免貼郵票

好讀出版有限公司　編輯部收

407 台中市西屯區何厝里大有街 13 號

電話： 04-23157795-6　傳眞： 04-23144188

------------------------------ 沿虛線對折 ------------------------------

購買好讀出版書籍的方法：

一、先請你上晨星網路書店 http://www.morningstar.com.tw 檢索書目
　　或直接在網上購買

二、以郵政劃撥購書：帳號 15060393　戶名：知己圖書股份有限公司
　　並在通信欄中註明你想買的書名與數量

三、大量訂購者可直接以客服專線洽詢，有專人爲您服務：
　　客服專線： 04-23595819 轉 230　傳眞： 04-23597123

四、客服信箱： service@morningstar.com.tw

Toast Chat

憑券消費享九折優惠　使用日期至 2014.8.31 止

憑券選購任何咖啡豆皆享九折優惠　使用日期至 2014.8.31 止

猫ちゃんの友達
貓咪先生的朋友

憑券消費享九折優惠　使用日期至 2014.8.31 止

貓圖珈琲

消費滿 150 元 可免費兌換雙組熱壓三角包乙份（鮪魚起士口味）

使用日期至 2014.8.31 止

CAT COFFEE TEA
IVORY TOWER CAFÉ
LIGHT MAI MUFFIN BEER YOU

憑券消費享飲品半價優惠　使用日期至 2014.8.31 止

這裡有貓
café

憑券消費「輕食類」系列小點 + 飲品乙杯即折 $30

使用日期至 2014.8.31 止

cat travel

憑券消費享手工貓造型餅乾兩份　使用日期至 2014.8.31 止

貓吐司堡專書店®

憑券消費即贈玉子燒乙份　使用日期至 2014.8.31 止

Cafe' Moment
貓門咖啡

憑券消費滿五百即贈當日限定蛋糕　使用日期至 2014.8.31 止

My cofi
我的咖啡

憑券消費享內用飲品九折優惠　使用日期至 2014.8.31 止

02-87896797

台北市信義區
忠孝東路五段372巷27弄73-1號

02-27215661

台北市大安區
光復南路290巷58號1樓

02-33652865

台北市大安區
和平東路一段184-1號

02-27318387

台北市大安區
大安路一段83巷7號

04-24712846

台中市西區
向上南路一段112號

04-24522328

台中市西屯區
慶和街5號

06-2360223

台南市東區
大學路22巷18號

04-22290589

台中市西區
林森路26-6號

07-2220101

高雄市苓雅區
廈門街19號

06-2236858

台南市中西區
忠孝街93巷34號